Lehrbuch der allgemeinen Photochemie

von

Prof. Dr. phil. et chem. J. Plotnikow

Leiter des photochemischen Forschungslaboratoriums bei der Aktien-Gesellschaft für Anilinfabrikation, Berlin, Treptow,

o. Prof. und Direktor a. D. des Chemischen Instituts an der früheren Kaiserlichen Universität zu Moskau

Band I: Lichtreaktionen

mit 70 Figuren im Text und vielen Tafeln

Im Laufe der Zeit, die ausschließlich dem Studium der Photochemie gewidmet war, kam der Herr Verfasser allmählich zu der Überzeugung, daß das nun recht groß gewordene Gebiet dieser allerneuesten Naturforschung einer grundlegenden zusammenfassenden literarischen Stütze nicht weiter entbehren darf. Er hielt sogar die Schaffung eines ausführlichen Handbuches der Photochemie für eine wissenschaftliche Notwendigkeit, die als langersehnte Hilfe für die weitere Forschung auf diesem Gebiete sich vollauf bewähren müsse. Im Jahre 1910 kam dieser Gedanke zur vollen Reife, nachdem mit der Herausgabe seiner „Photochemie" der erste Grundstein dazu gelegt wurde. Darauf folgte seine „Versuchstechnik" (1912), der sich das „Photochemische Praktikum" anschloß, das in Manuskriptform im Jahre 1914 in Moskau fertiggestellt wurde, dessen Schicksal leider bis heute dank der politischen Verhältnisse vollkommen unbekannt geblieben ist. Das abschließende Werk soll das obengenannte Buch bilden, das keine Kompilationsarbeit, sondern eine Neuschöpfung darstellt, die nach neuen Gesichtspunkten das wenig erforschte Gebiet aufklärt und es den Fachgenossen, wie den für diesen Zweig sich interessierenden Physikern und Chemikern zugänglich macht.

Über
die photochemische Valenz und die Lichtempfindlichkeit der Körper

Von

Prof. Dr. phil. et chem. J. Plotnikow

Leiter des photochemischen Forschungslaboratoriums bei der Aktien-Gesellschaft für Anilinfabrikation, Berlin

o. Prof. und Direktor a. D. des chemischen Instituts an der ehem. Kaiserlichen Universität zu Moskau

Mit einer Figur im Text

Berlin und Leipzig 1920

Vereinigung wissenschaftlicher Verleger

Walter de Gruyter & Co.

vormals G. J. Göschen'sche Verlagshandlung :: J. Guttentag, Verlagsbuchhandlung :: Georg Reimer :: Karl J. Trübner :: Veit & Comp.

Druck von Metzger & Wittig in Leipzig.

Vorwort.

Groß und mannigfaltig ist das Gebiet der Lichtreaktionen und ein großes Versuchsmaterial liegt uns gegenwärtig vor. Es befindet sich aber in vollständig ungeordnetem Zustande. Der Verfasser hat sich die Aufgabe gestellt, das ganze Material zu klassifizieren und nach bestimmten theoretischen Gesichtspunkten aus zu bearbeiten. Nach vierjähriger mühsamer Arbeit ist es gelungen, eine klare Einsicht auf diesem Gebiete sich zu verschaffen und das ganze Material in Form eines Lehrbuches in diesem Verlage zu veröffentlichen. Die Frage über die Ursachen der Lichtempfindlichkeit der Körper dürfte nicht nur den Fachmann, sondern auch weitere Kreise interessieren, deshalb hielt ich es für angebracht, dieses spezielle Kapitel schon jetzt in Form einer Monographie gesondert zu veröffentlichen. In verkürzter Form gelang es schon in der Chemiker-Zeitung Nr. 67 (1919) zur Veröffentlichung.

Berlin, 1. Januar 1920.

J. Plotnikow.

Über die photochemische Valenz und die Lichtempfindlichkeit der Körper.

Auf einer Seite haben wir verschiedene Lichtarten des großen Strahlenspektrums vor uns und auf der anderen Seite die verschiedenartigsten chemischen Körper. Beim Zusammentreffen der beiden Energieformen kann unter Umständen eine Wechselwirkung zwischen diesen stattfinden, indem die Lichtenergie aufgenommen wird und neue chemische Körper entstehen.

Aber nicht jede Lichtart wirkt auf einen Körper ein, und nicht jeder Körper ist lichtempfindlich. Woher kommt das? Um diese Frage zu beantworten, müssen wir uns in das innere Wesen dieser Vorgänge ein wenig vertiefen.

Das Licht ist eine Wellenbewegung, und der Körper besteht aus Atomen, die ihrerseits aus Elektronen aufgebaut sind. Die letzteren sind auf bestimmte Weise räumlich zueinander geordnet und befinden sich in verschiedenartigem Schwingungszustande. Um eine chemische Wirkung hervorrufen zu können, müssen die Lichtwellen die Molekelstruktur derart zu erschüttern imstande sein, daß gewisse Verbände der Elektronen aufgelöst oder geschwächt werden und eine Umgruppierung der Elektronen, d. h. eine chemische Umsetzung stattfinden kann. Es ist klar, daß die lichtchemische Wirkung im engen Zusammenhange mit dem inneren Bau der Atome und Moleküle stehen muß und demzufolge müssen wir uns anfangs in dieselben einen Einblick verschaffen.

1. Über das Atommodell.

Die gewöhnlichen Gitter, mit denen die Spektra erzeugt werden, enthalten etwa 1000 bis 2000 Teilstriche pro Millimeter. Die mit Hilfe dieser Gitter erzeugten Spektra erstrecken sich nur bis zum äußersten Ultraviolett. Ein Röntgenspektrum können wir auf diese Weise nicht erzeugen, da das Gitter zu grob ist; wir müssen dazu ein viel feineres Gitter, das 1000000 Teilstriche (ein Teilstrich in der

Größenordnung eines $\mu\mu$) pro Millimeter enthält, verwenden. Künstlich können wir derartige Gitter nicht herstellen. Dem Physiker v. Laue ist die glückliche Idee gekommen, natürliche Gitter, nämlich die Kristalle, zu verwenden. In Kristallen sind bekanntlich die Atome in Schichten gitterförmig geordnet, und der Abstand zwischen den Schichtdicken ist der Größenordnung nach etwa gleich 80 $\mu\mu$. Ein Röntgenstrahl wird durch Kristallgitter zerlegt und wir bekommen charakteristische Spektralfiguren, die uns einerseits die Wellenlängen der Röntgenstrahlen zu messen, und andererseits den inneren Bau des Kristalls zu bestimmen gestatten.

Die Röntgenstrahlen, die von der metallischen Antikathode herrühren, ergeben ein charakteristisches Linienspektrum des betreffenden Metalls; da es sich hierbei um Schwingungen von hoher Frequenz handelt, so werden diese Spektra als Hochfrequenzspektra bezeichnet.

Jedes Metall, als Antikathode genommen, ergibt Linien von bestimmter Wellenlänge, die um so kürzer sind, je größer das Atomgewicht des betreffenden Metalles ist. Es hat sich weiter ergeben, daß ganze Gruppen von Elementen einen ähnlichen Bau aufweisen. Besteht die Antikathode aus einer Legierung, so erscheinen die Linien der beiden Metalle im Spektrum. Ist die Antikathode mit einem Salz bedeckt, so erscheinen die Linien aller Elemente, aus denen dies Salz besteht. Führen wir statt Wellenlängen ihre Schwingungszahlen ein, so ergibt sich folgende, von Moseley entdeckte, Gesetzmäßigkeit: die Quadratwurzel aus der Schwingungszahl ist der Ordnungszahl (und nicht dem Atomgewichte) der Elemente proportional. Wenn wir auf ein Diagramm die Ordnungszahl auf die Abszissenachse, und die Quadratwurzel aus den Schwingungszahlen auf die Ordinatenachse auftragen, so erhalten wir eine gerade Linie. Mit Hilfe dieses Gesetzes können wir die neu entdeckten Elemente sofort richtig einordnen und die vorhandenen Lücken ergeben uns unzweideutig die Stelle der noch unentdeckten Elemente.

Die gewöhnlichen Linienspektra der Elemente sind wiederum Funktionen des Atomgewichts des Elementes und seiner Stellung im periodischen System. Um diese scheinbar widersprechende Erscheinung zu verstehen, müssen wir uns, wenn auch in einer beschränkter Form, mit den neuen Theorien der Atomstruktur vertraut machen. Zuerst wurde von Rutherford die Annahme gemacht, daß die Atome aus positiven Kernen bestehen, deren Ladung sich proportional der Ordnungszahl verändert und um die die Elektronen kreisen. Der dänische Forscher Bohr hat die Rutherfordsche Kerntheorie noch weiter sehr sinnreich ausgebildet und daraus seine wichtigen Schlüsse gezogen, die mit den experimentellen Tatsachen gut übereinstimmten. Es wird zu weit führen, die Theorie von Bohr, Debye, Vegard u. and. in allen ihren Einzelheiten hier vorzuführen, und darum begnügen wir uns mit der Beschreibung eines schematischen Modells, das den inneren Sinn und das Wesen der ganzen Theorie deutlich veranschaulicht.

Nach Bohr besteht das Atom aus einem positiven Kern, der so viel positive Ladungen enthält, wie es seiner Ordnungszahl entspricht. Rund um diesen Kern bewegen sich in elliptischen Bahnen die Elektronen, deren Gesamtzahl gleich den positiven Ladungen ist, somit stellt nach außen das Atom ein elektrisch neutrales System dar. Die Elektronen sind in verschiedene Zonen verteilt und da auf bestimmte Weise räumlich koordiniert, von denen die äußere Zone

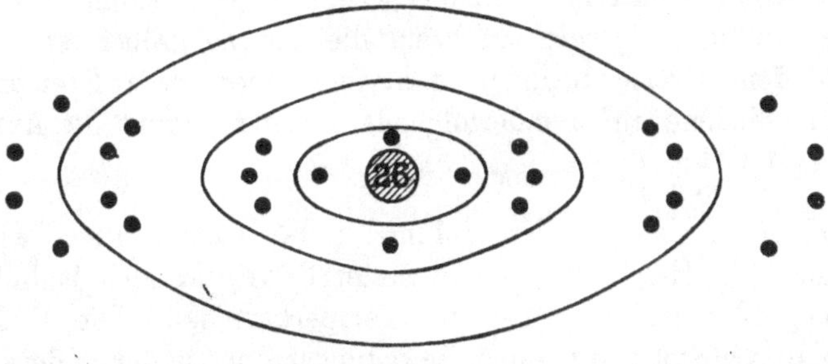

die freien Valenzelektronen, die die Wertigkeit eines Elementes bestimmen, enthält. In der Fig. ist ein solches schematisches Atommodell für Eisen abgebildet. Die räumliche Koordination seiner Elektronen in den Koordinationszonen ist noch unbekannt und hier willkürlich angegeben.

Es stellt uns sozusagen ein Sonnensystem dar, mit dem Unterschiede aber, daß im Sonnensystem die Planeten in beliebigen Entfernungen vom Zentrum kreisen können, dagegen können sich die Elektronen nur in bestimmten Abständen vom Kern, die sich zueinander als ganze Zahlen verhalten, bewegen und die Bewegungsgeschwindigkeit muß ebenfalls eine bestimmte sein. Diese Beschränkung wird dadurch bedingt, weil die Aufnahme und Abgabe der Energie in Form des emittierenden Lichtes durch die Elektronen nicht kontinuierlich, sondern sprunghaft in Form von Lichtquanten erfolgt. Die rechnerische Durchführung zeigt, daß die Radien der möglichen elliptischen Bahnen sich wegen der Lichtquantenausstrahlung oder -aufnahme zueinander, wie die Quadrate der aufeinanderfolgenden ganzen Zahlen, also wie 1 : 4 : 16 : 25 : 36 usw. verhalten müssen und daß die Geschwindigkeit des Elektrons um so kleiner sein muß, je weiter es vom Kern entfernt ist, so daß sich die Geschwindigkeiten auf diesen Bahnen zueinander verhalten wie 1 : 1/2 : 1/3 : 1/4 ... usw. Die Verteilung der Elektronen in einem Ringe kann auch keine willkürliche sein. Es ist wohl von Bohr, Vegard und anderen Forschern die Zahl der Ringe und die Elektronenverteilung in ihnen für verschiedene Elemente angegeben worden, aber einer strengen Prüfung konnten die Atommodelle noch nicht unterworfen werden und sie besitzen demzufolge einen mehr oder weniger problematischen Charakter. Nur für Wasserstoff, der die einfachste Struktur eines Ringes rund um den Kern mit einer positiven Ladung, weil die Ordnungszahl Eins ist, und eines kreisenden Elektrons darstellt, lassen sich die Bahnen und Geschwindigkeit des Elektrons mathematisch leicht ermitteln. Um das Elektron vom Atom loszureißen, müssen wir ihm Energie zuführen, die um so größer ist, je näher es sich dem Kreise befindet, d. h. je kleiner seine Kreisbahn ist. Für verschiedene aufeinanderfolgende Bahnen nimmt die Arbeit ab, wie $\frac{1}{1^2} : \frac{1}{2^2} : \frac{1}{3^2} : \frac{1}{4^2} \ldots$ usw.

In einem bestimmten Volum, z. B. 1 cm^3 haben wir viele Trillionen von H-Atomen, die in steter Bewegung sich befinden, die um so größer ist, je höher die Temperatur ist. Die Elektronen werden durch Stöße von einer Bewegungsbahn zu der anderen übergeführt. Erfolgt der Übergang von einer größeren, also weiter entfernten Bahn zu der näher stehenden, so muß das Elektron Energie in Form des Lichtes abgeben und dabei eine bestimmte ganze Zahl von Lichtquantenenergie, die einer bestimmten Schwingungszahl entspricht, emittieren. Fällt z. B. ein Elektron von dritter Bahn auf die zweite, so muß die Schwingungszahl proportional

$$\frac{1}{2^2} - \frac{1}{3^2}$$

sein, aus der vierten auf die zweite =

$$\frac{1}{2^2} - \frac{1}{4^2}$$

sein, usw. usw.

Die allermöglichsten Schwingungen werden demzufolge durch die Formel

$$V = R\left(\frac{1}{2^2} - \frac{1}{m^2}\right)$$

wiedergegeben, wo R eine Konstante, deren Wert = $3{,}290 \cdot 10^{15}$ ist, und als Rydbergsche Konstante bezeichnet wird. Wir müssen demzufolge ein Auftreten einer Serie von Linien erwarten. Und tatsächlich fand Balmer, daß die Schwingungszahlen der Wasserstofflinien durch die Formel

$$V = R\left(\frac{1}{n^2} - \frac{1}{m^2}\right)$$

wiedergegeben werden, wobei R dieselbe Größe, die von Bohr rein theoretisch berechnet wurde, besitzt. Somit erhalten wir eine glänzende Übereinstimmung zwischen der Theorie und dem Experiment, was darauf hindeutet, daß die Bohrsche Theorie auf richtigen Grundlagen aufgebaut ist.

So einfach, wie das Wasserstoffatom ist kein anderes gebaut. Beim Heliumatom, dessen Kern zwei positive Ladungen besitzt, und bei dem zwei Elektronen in einem Ringe sich bewegen, sind schon verschiedene Anordnungen der Elektronen zueinander möglich. Sie können z. B. auf besonderer oder auf derselben Bahn rotieren. Aus verschiedenen Gründen ergibt sich, daß nur die zweite Möglichkeit hier vorhanden sein kann. Die meisten der Serienlinien des Heliums konnten rechnerisch ermittelt werden, aber noch nicht alle. Auch hier wurde dieselbe Größe für die Rydbergsche Konstante gefunden und berechnet. Bei anderen Elementen vom komplizierteren Bau konnte eine genaue Anwendung der Bohrschen Atomtheorie noch in keiner Weise geschehen.

Bei ihnen sind mehrere aufeinanderfolgende Ringzonen von Elektronen besetzt. Die Elektronen in Ringzonen sind auf bestimmte Weise räumlich koordiniert. Die Ausstrahlung des Lichtes kann dabei dadurch hervorgerufen werden, daß entweder ein ganzer äußerer Ring sich in einen inneren einschiebt, oder daß einzelne Elektronen aus dem äußeren in einen inneren Ring hineinspringen. Die Ermittlung aller möglichen Schwingungen eines solchen komplizierten Systems ist eine äußerst schwierige Aufgabe. Auch die Erscheinungen der Bandenspektra werden auf diese Weise erklärt. Die äußeren Ringe ergeben die längeren und die inneren die kürzeren Wellenlängen. Es läßt sich leicht beweisen, daß die Quadratwurzel der großen Schwingungen der innersten Ringe der Ladungszahl des Kernes proportional sind; da aber die Ladungen der Ordnungszahl proportional sind, so ergibt sich daraus das Moseleysche Gesetz, daß die Quadratwurzel aus der Schwingungszahl der Ordnungszahl proportional ist.

Somit können wir alle Gesetzmäßigkeiten der Linien-, Banden- und Hochfrequenzspektra theoretisch ableiten. Man muß nur dazu das Atommodell jedes einzelnen Elementes richtig aufstellen und die Aufstellung einer solchen Tafel, die uns die richtige räumliche Struktur aller Elemente ergibt, ist nur eine Frage der Zeit. Prinzipiell ist diese Frage schon als gelöst zu betrachten und die Spektra stellen uns die Spiegelbilder des inneren Atombaus dar.

Für uns Photochemiker ist die praktische Lösung dieses Problems ebenso von großer Bedeutung. Werden wir einmal im Besitze der Atomstruktur für alle Elemente sein, so werden sich alle photochemischen Eigenschaften viel präziser definieren und auch manche vorausbestimmen lassen.

Der äußere Ring, der die freien Valenzelektronen enthält, ist die eigentliche Sphäre der photochemischen Wirkung für die gewöhnlichen Strahlen, und die photochemischen Eigenschaften hängen von der räumlichen Konfiguration der Elektronen ab. Diese Eigenschaften sind atomistischen Charakters und sind periodische Funktionen der Elemente. Diese Valenzelektronen stellen so z. s. die photochemische Valenz dar, die die Eigenschaften der Lichtreaktionen charakterisieren müssen.

Für die gewöhnlichen Dunkelreaktionen ist die räumliche Koordination dieser Valenzelektronen in der äußeren Ringzone ausschlaggebend, weil sie das Auftreten verschiedener Werte bei ein und demselben Elemente bedingt; diese Elektronen sind demzufolge verschieden fest an das Atomsystem gebunden, was bei chemischen und elektrochemischen Vorgängen durch das Auftreten verschiedener Wärmeeffekte gekennzeichnet wird.

Für die Lichtreaktionen dagegen ist diese Erscheinung und die inneren Energieverhältnisse der Moleküle von untergeordneter Bedeutung, weil diese auf Kosten der von außen zuströmenden Energie stattfinden, und die Größe der einwirkenden Lichtenergie und die Aufnahmefähigkeit derselben durch die Valenzelektronen hierbei ausschlaggebend sind.

Wie die Strahlen, die in dem noch unerforschten Gebiete des Spektrums zwischen den Schumannschen und Röntgenstrahlen liegen, auf die Körper wirken werden, wissen wir nicht. Es ist nicht ausgeschlossen, daß sie auch die inneren Ringe beeinflussen und demzufolge auch viel durchgreifendere und eigenartige photochemische Wirkungen ausüben werden können. Ob das Licht auch den Kern selbst beeinflussen kann, ist fraglich. Wäre das der Fall so könnte man durch das Licht auch die radioaktiven Umwandlungen beeinflussen können.

Perrin nimmt an, daß aus dem Erdinneren besondere Ultraröntgenstrahlen ausströmen, die den radioaktiven Zerfall verursachen, der eigentlich ein endothermer Vorgang ist. Derartige starke Energiestrahlung müßte sich schon auf irgendwelche Weise bemerkbar machen. Der radioaktive Zerfall müßte durch absorbierte Strahlen hervorgerufen werden und in hintereinander gelagerten Schichten ein verschiedener sein. Aus dem Erdinneren strömende Ausstrahlung dürfte keine gleiche sein, sondern je nach der stattgefundenen Absorption in der Erdkruste selbst durch verschiedene Mengen radioaktiver Körper — verschieden ausfallen. Demzufolge müßte auch die Radioaktivität mit dem Orte sich ändern. Ähnliche Strahlung müßte in noch stärkerem Maße von der Sonne ausgesandt werden. Aber wie gesagt, es gibt vorläufig noch keine Anzeichen dafür, daß die Radioaktivität eine Art photochemischen arbeitspeichernden Vorgang höherer Ordnung sei.

Wir können heutzutage nur den lebhaftesten Wunsch aussprechen, daß die Physiker uns schon in der allernächsten Zeit mit den Atommodellen bescheren, damit dieselben auch die theoretische Photochemie auf die richtigen Wege leite, wodurch ihre erfolgreiche Entwicklung ermöglicht wird.

2. Über die Photoaktivität der Elemente und ihrer Verbindungen.

Elemente.

Jeder Körper absorbiert irgendeinen Teil des großen Lichtspektrums, das sich von etwa 1000 $\mu\mu$ bis 0,01 $\mu\mu$ erstreckt; vollständig lichtdurchlässige Körper gibt es nicht. Chemisch wirksam können nur die von Körpern absorbierten Strahlen werden, und zwar ist es erfahrungsgemäß nur ein geringer Teil der absorbierten Strahlen, dem eine chemische Wirksamkeit zukommt. Im folgenden bezeichne ich diesen Teil des Spektrums als den Streifen der „photochemischen Absorption“. Das übrige wird rein „thermisch“ absorbiert. Ein Körper kann auch mehrere Streifen der photochemischen Absorption besitzen, die mitunter voneinander weit entfernt liegen und sogar unter Umständen entgegengesetzte Wirkung ausüben.

Die photochemische Wirkung ist in ihrem primären Stadium ein lichtelektrischer Vorgang und wird bedingt durch die räumliche Lagerung der Valenz-Elektronen im lichtempfindlichen Atom. An dem festen inneren Atomkern, der nur beim radioaktiven Zerfall erschüttert und verändert werden kann, haften die freien Valenzelektronen, die die Bindung der Atome zu Molekülen herbeiführen. Diese Valenzelektronen können durch das Licht angegriffen und derart erschüttert werden, daß eine Lockerung, unter Umständen ein Losreißen des Verbandes zwischen den Atomen stattfindet. Als Folge davon tritt eine chemische Umsetzung ein. Nun entsteht die Frage, warum nicht bei jedem Molekül eine chemische Einwirkung des Lichts stattfindet, und welche Vorbedingungen zu dieser Einwirkung nötig sind.

Wir besitzen zur unzweideutigen Beantwortung dieser Frage noch keine wissenschaftlichen Grundlagen und sind auf den Weg der Hypothese angewiesen. Wir nehmen an, daß lichtempfindlich oder „photoaktiv" nur die Verbindungen oder Elemente sein können, die noch freie Valenzelektronen übrig haben, d. h. „photochemisch ungesättigt" sind. Sind aber alle Valenzelektronen abgesättigt und enthält eine Verbindung überhaupt keine freien Valenzelektronen, so muß sie lichtunempfindlich sein, weil das Licht keinen Angriffspunkt findet. Wir kommen so zu der Arbeitshypothese, daß nur photochemisch ungesättigte Verbindungen lichtempfindlich sein können.

Ich will nun versuchen, das in meinem demnächst erscheinenden Lehrbuche der allgemeinen Photochemie gesammelte Versuchsmaterial vom Standpunkte dieser Arbeitshypothese zu betrachten, und beginne mit den Elementen. In der Tafel I sind die Elemente nach dem periodischen System geordnet.

Die angewandte Lichtempfindlichkeitsskala ist ziemlich willkürlich und wurde dem Gefühle nach aufgestellt, weil wir noch keinen Maßstab für Lichtempfindlichkeit besitzen. In der Mitte, wo die mehrwertigen, d. h. diejenigen Elemente sich befinden, denen die meisten Valenzelektronen anhaften, sind auch die photoaktivsten Elemente angehäuft, während an den seitlichen Rändern der Tabelle die Elemente der nullten Gruppe stehen, die keine freien Valenzelektronen besitzen, und die auch nicht photoaktiv sind. Denkt man sich die Tabelle zylinderförmig aufgerollt, so erhält man eine Spirale, auf der die Elemente in der angegebenen Reihenfolge aufgetragen sind.

Bei einem Teil der Elemente fehlen die Angaben über ihre Lichtempfindlichkeit. Eigentlich müssen auch diese lichtempfindlich sein, weil sie freie Valenzelektronen enthalten. Hier sei jedoch darauf aufmerksam gemacht, daß eine Lichtempfindlichkeitsangabe wertlos ist, wenn nicht auch die Wellenlänge der chemisch einwirkenden Strahlen angegeben wird. Eine praktische Prüfung auf Lichtempfindlichkeit ist aber nur in einem begrenzten Teile des Spektrums möglich, der von etwa 800 $\mu\mu$ bis etwa 200 $\mu\mu$ reicht. Was über 200 $\mu\mu$ bis zu den Röntgenstrahlen liegt, bleibt vorläufig infolge des Fehlens entsprechender Lichtquellen für uns verschlossen. Auch das vorhandene, besonders das von älteren Forschern her-

Tafel I. Photoaktivität als periodische Eigenschaft der Elemente.

0	I	II	III	IV	V	VI	VII	VIII				VII	VI	V	IV	III	II	I	0
He ○	H Li	Be	B	C ×	N ×	O × ×						F							
												Cl × ×	S × ×	P ×	Si	Al	Mg	Na	Ne ○
Ar ○	K	Ca	Sc	Ti ×	V ×	Cr × ×	Mn × ×	Fe × ×	Ni ×	Co ×	Cu × ×								
												Br × ×	Se × ×	As ×	Ge	Ga	Zn		
Kr ○	Rb	Sr	Y	Zr ×	Nb ×	Mo ×		Ru	Rh	Pd ×	Ag × ×								
												J × ×	Te ×	Sb ×	Sn ×	In	Cd		
Xe ○	Cs	Ba	La																
																ΣCe ×			
			Yb		Ta	W ×		Os	Ir ×	Pt × ×	Au × ×								
														Bi ×	Pb ×	Tl ×	Hg ×		
		Ra		Th ×		Ur × ×													

Der Temperaturkoeffizient = 1,03 für den flüssigen Zustand.

Der Temperaturkoeffizient = 1,40. Für den Streifen der photochemischen Absorption in Blauviolett und den flüssigen Zustand.

Zeichenerklärung:

× × — stark lichtempfindlich.
× — mittlere und schwache Lichtempfindlichkeit
○ — nicht photoaktiv.

rührende Versuchsmaterial, ist in dieser Beziehung sehr mangelhaft. Denn die meisten Forscher benutzen entweder Kohlenbogenlicht oder Sonnenlicht. Diese beiden Lichtquellen liefern uns Strahlen, die höchstens bis 290 $\mu\mu$ reichen. Dabei wurde meistens noch mit gewöhnlichen Glasgefäßen gearbeitet, welche nur die Strahlen bis etwa 350 $\mu\mu$ durchlassen. Deshalb kann eine Verbindung, die in der älteren Literatur als nichtlichtempfindlich angegeben wird, sich bei der Behandlung mit der Quarzlampe dennoch als lichtempfindlich erweisen. Wären wir im Besitz von Lichtquellen, deren Strahlen jenseits des Ultravioletts Linien liegen, so würden wohl auch die Elemente der beiden ersten Gruppen sich als lichtempfindlich erweisen.

Je mehr Valenzelektronen an einem Elemente haften, und je größer sein Atomgewicht ist, desto leichter läßt es sich durch das Licht beeinflussen, d. h. desto größere Wellenlängen und geringere Schwingungszahl werden wirksam sein; tatsächlich sehen wir, daß die schweren und die in der Mitte liegenden Elemente meistens gegen sichtbares Licht empfindlich sind. Ein Element kann jedoch auch mehrere weit voneinander liegende Streifen der photochemischen Absorption besitzen, die mitunter auch entgegengesetzte photochemische Wirkung ausüben können. Die Elemente der vertikalen Reihen müssen eine große Ähnlichkeit in bezug auf die innere Struktur und demzufolge auch weitgehende Übereinstimmung der photochemischen Eigenschaften haben. In der Tat lassen schon die bis jetzt bekannten Tatsachen auf interessante Gesetzmäßigkeiten schließen.

Nachdem ich den photochemischen Temperaturkoeffizienten für eine Reihe von Reaktionen in flüssigem Zustande, die Brom oder Jod als photochemische aktive Komponente enthielten, gleich 1,40 gefunden hatte, war es für mich klar, daß hier eine uns noch unbekannte Gesetzmäßigkeit vorliegt, die mit der Periodizität der Elemente im engsten Zusammenhang stehen muß. Meine Vermutung, daß auch der Temperaturkoeffizient für Chlor gleich 1,40 sein muß, wurde durch die Untersuchungen von Benrath, Tuchel und Nasaroff bestätigt.

Der Temperaturkoeffizient ist demnach als eine charakteristische atomistische photochemische Konstante anzusehen. Das gleiche trifft offenbar auch für die Streifen der photochemischen Absorption zu. Für die Elemente der 7. Gruppe Chlor, Brom, Jod, läßt sich nach den von A. Coehn und seinen Schülern ausgeführten Untersuchungen, die Existenz zweier Streifen der photochemischen Absorption — eines im blau-violetten Teile und des anderen etwa bei 220 $\mu\mu$ — annehmen. Die beiden Streifen üben eine entgegengesetzte Wirkung aus. Der oben angegebene Temperaturkoeffizient 1,40 gehört zu dem ersten Streifen. Ob der zweite Streifen bei 220 $\mu\mu$ denselben Wert ergeben wird, ist fraglich. Die weiteren Versuche können uns darüber Aufschluß geben. Es ist sehr erwünscht, daß ähnliche Bestimmungen der Streifen der photochemischen Absorption und der photochemischen Temperaturkoeffizienten bei allen anderen Vertikalgruppen ausgeführt werden. Wir können schon jetzt sagen, daß für die 6. Gruppe Ur, W, Mo, Cr, O der Temperaturkoeffizient gleich 1,03 sein wird. Es ist weiter anzunehmen, daß die Elemente der Gruppe S, Se, Te auch ein- und denselben Temperaturkoeffizienten haben werden. Vermutlich wird er gleich 1,40 oder noch größer sein. Die photoaktivsten Elemente müssen aus denselben Gründen auch die stärkste photokatalytische Wirkung in freiem Zustande, wie auch in Form ihrer Verbindungen ausüben. Und das trifft auch zu.

Bekanntlich sind Ur, Fe Haloide sehr starker Lichtkatalysatoren. Wenden wir uns jetzt der Frage über die Photoaktivität der Verbindungen zu.

Verbindungen.

Enthält eine Verbindung irgendwelche Elemente, die photochemisch nicht abgesättigt sind, so muß sie lichtempfindlich sein.

Im Wasser H_2O ist Sauerstoff mit 2 Valenzen an Wasserstoff gebunden; da Sauerstoff 6wertig ist, also 6 freie Valenzelektronen hat, so bleiben noch 4 Valenzelektronen frei. Demnach ist diese Verbindung photochemisch ungesättigt und demzufolge lichtempfindlich. In der Tat zersetzt sich Wasser bekanntlich im ultravioletten Lichte in H_2 und O_2. Dagegen sind im Methan CH_4 alle Valenzen des 4wertigen Kohlenstoffs an Wasserstoff gebunden. Diese Verbindung ist vollständig gesättigt, und demzufolge muß sie in reinem Zustande, also bei Abwesenheit anderer Körper, wie Cl_2, O_2, H_2O usw. und irgendwelcher Katalysatoren, lichtbeständig sein. Tatsächlich konnten Berthelot und Gaudechon keine Zersetzung oder Polymerisation von Methan im ultravioletten Lichte herbeiführen. Die ganze Paraffinreihe muß aus denselben Gründen lichtbeständig sein, desgleichen die Cyclomethylene, wie Cyclohexan usw. In der Literatur liegen noch keine experimentellen Angaben über die Lichtempfindlichkeit dieser Verbindungen vor. Ersetzt man aber bei diesen lichtbeständigen Körpern den Wasserstoff durch Cl, Br, J, O, S oder andere freie valenzelektronenreiche Elemente oder Radikale, so werden sie photoaktiv. Äthan ist beständig, dagegen Äthyljodid schon nicht mehr usw. Die Silberhaloide, $AgNO_2$, $AgCO_3$, AgN_3 usw., sind sehr lichtempfindlich, dagegen $AgNO_3$ fast gar nicht. Es ist ähnlich dem KNO_3 u. a. im äußersten Ultraviolett schwach lichtempfindlich. Der Grund dieser merkwürdigen Tatsache ist in der besonderen Koordinierung der Valenzelektronen des Ag-Atoms zu suchen, die in diesen Verbindungen abgesättigt sein müssen.

In der letzten Zeit entstand eine Polemik zwischen Ch. Winther und Eder in bezug auf die Lichtempfindlichkeit der Ederschen Lösung. Winther behauptet auf Grund seiner Versuche, daß die Edersche Lösung an sich nicht lichtempfindlich sei, sondern nur infolge der vorhandenen Spuren von Eisensalzen. Eder findet wiederum, daß auch die aus reinsten Präparaten hergestellte Lösung in Ultraviolett lichtempfindlich ist und daß der Zusatz von Eisensalzen die Lichtempfindlichkeit erhöht und die Lichtempfindlichkeitsgrenze bis in den sichtbaren Teil des Spektrums verschiebt. Vom Standpunkte unserer Anschauungen können wir diese Frage zugunsten von Eder entscheiden und zwar aus folgenden Gründen. Die primäre Reaktion besteht im Zerfall des Quecksilberoxalats $2HgC_2O_4$ in $Hg_2C_2O_4 + 2CO_2$. Quecksilber ist hier abgesättigt, dagegen Sauerstoff in dem Oxalatradikal nicht. Deshalb muß diese Verbindung lichtempfindlich sein und zwar im ultravioletten Lichte. Eisensalze sind auch lichtempfindlich, weil das Eisen nicht vollständig abgesättigt ist und noch freie Valenzen besitzt. Es ist gegen das sichtbare Licht empfindlich. Deshalb muß ein Eisensalzzusatz den Spektralbereich der Empfindlichkeit nach dem sichtbaren Ende des Spektrums zuschieben, d. h. einen neuen Streifen der photochemischen Absorption einführen und eine Vergrößerung des Zerfalls herbeiführen, was nach Eder auch in der Tat eintritt.

Was die Richtung des Reaktionsverlaufs bei den Lichteinwirkungen anbetrifft, so ist anzunehmen, daß die Tendenz besteht, photochemisch gesättigte Verbindungen zu bilden. In diesem Falle müssen die Vorgänge einseitig verlaufen, d. h. irreversibel sein; ist dies aber nicht der Fall, so können stationäre Gleichgewichtszustände eintreten, die durch das Licht verschiedener Wellenlänge, unter Umständen auch durch Temperatur, nach der einen oder anderen Richtung hin geleitet werden können. Es ist klar, daß die „Angriffsstelle“ der Lichteinwirkung an den Stellen liegen muß, wo die „ungesättigten“ Elemente oder Radikale sich befinden. An diesen

Stellen erfolgt die Lockerung der Verbände, der Eintritt neuer Gruppen unter dem Lichteinflusse oder Zersplitterung des Moleküls in kleinere Bestandteile. Im folgenden sollen nun die obigen Schlußfolgerungen an dem vorhandenen Versuchsmaterial geprüft werden und zwar will ich hier nur die charakteristischsten Reaktionstypen näher behandeln und von dem dargelegten Standpunkte aus betrachten und prüfen. Die ausführliche Behandlung dieser Frage und die Beschreibung der charakteristischen photochemischen Reaktionsklassen erfolgt in meinem demnächst erscheinenden Lehrbuche der allgemeinen Photochemie.

I. Photolyse und photochemische Polymerisation. Aldehyde, Ketone und Alkohole $R\cdot C(H):O$; $(R_1)(R_2)C:O$; $(R_1)(R_2)CHOH$. Der Sauerstoff besitzt hier noch 4 freie Valenzelektronen. Demzufolge wird an dieser Stelle das Molekül vom Lichte angegriffen, und es wird das Bestreben bestehen, den Sauerstoff samt dem Kohlenstoff aus dem Verbande loszureißen. Da dabei eine vollständig gesättigte Verbindung entstehen kann, so muß die Photolyse z. B. bei den Ketonen nach dem Schema verlaufen

$$R_1\cdot C:O\cdot R_2 \longrightarrow R_1\cdot R_2 + CO.$$

So zersetzt sich Aceton auf folgende Weise:

$$CH_3COCH_3 \longrightarrow CH_3\cdot CH_3 + CO.$$

Ist aber ein anderer Körper zugegen, so wird er die Tendenz haben, an dieser Stelle mit dem einen Teil des Moleküls sich zu verbinden, wobei der andere Teil eine gesättigte Verbindung ergeben muß. Nimmt man z. B. als Hilfskörper Wasser an, so erhalten wir eine Hydrolyse, die nach folgendem Schema verlaufen muß:

$$R_1COR_2 + H_2O \longrightarrow R_1\cdot C(:O)OH + R_2H,$$

d. h. es muß eine Säure und ein vollständig gesättigter lichtbeständiger Kohlenwasserstoff sich bilden. So wird z. B. Aceton auf folgende Weise hydrolysiert:

$$CH_3COCH_3 + H_2O \longrightarrow CH_3COOH + CH_4.$$

Die Säuren zersetzen sich, wie wir weiter unten sehen werden, unter Bildung von Kohlensäure, so daß diese Reaktion als eine Zwischenstufe angesehen werden muß. Als Endresultat erhalten wir demzufolge:

$$R_1COR_2 + H_2O \longrightarrow R_1H + R_2H + CO_2,$$

d. h. zwei vollständig lichtbeständige Verbindungen. Bei kompliziert gebauten Molekülen sind auch andere Fälle denkbar, nämlich, daß während des Zerfalls noch Umlagerungen und Synthesen stattfinden. So zerfällt z. B. Pinakolin in Acetaldehyd und Butylen:

$$CH_3 \cdot CO \cdot C(CH_3)_3 \longrightarrow CH_3CHO + CH_3 \cdot C(:CH_2) \cdot CH_3.$$

In diesem Falle entsteht wieder ein ungesättigtes Gebilde, das weiteren Umsetzungen unterliegt. Die Aldehyde zersetzen sich nach der allgemeinen Formel $R \cdot C(H):O = RH + CO$. Es bildet sich dabei ein lichtbeständiger gesättigter Kohlenwasserstoff RH. So zersetzt sich z. B. Önanthol (Heptanol) in Hexan und Kohlenoxyd:

$$CH_3 \cdot (CH_2)_5 \cdot CHO \longrightarrow CH_3(CH_2)_4CH_3 + CO.$$

Die Alkohole zerfallen nach denselben Regeln

$$1.\quad R \cdot CH_2OH \longrightarrow RH + CO + H_2.$$

$$2.\quad R_1 \cdot CHOH \cdot R_2 \begin{cases} \nearrow R_1R_2 + CO + H_2 \\ \searrow R_1H + R_2H + CO. \end{cases}$$

Es bilden sich die lichtbeständigen Verbindungen RH, R_1R_2 und H_2. Obgleich CO ungesättigt ist, ist es doch derart beständig, daß das gewöhnliche Licht es nicht zu zersetzen vermag.

Organische Säuren $R \cdot C(:O)OH$. Diese enthalten zwei Sauerstoffatome, bei denen nur je zwei Valenzelektronen abgesättigt sind; also bei jedem sind noch 4 Valenzelektronen frei, die durch das Licht angegriffen werden. Da sie aber am Kohlenstoff sehr fest haften, so werden sie das Bestreben haben, bei ihrer Loslösung aus der Verbindung auch das C-Atom mitzureißen. Dies kann um so leichter geschehen, weil nach der Entfernung des CO_2 als Rest eine photochemisch vollständig gesättigte Verbindung übrigbleibt. Demzufolge muß im Lichte die Reaktion stattfinden: $RCOOH = RH + CO_2$.

Das trifft auch in der Tat zu. Da bei dieser Reaktion eine vollständig gesättigte Verbindung sich bildet, die durch das Licht nicht angegriffen wird, so ist dieser Vorgang irreversibel:

$$CH_3COOH \longrightarrow CH_4 + CO_2.$$

Kompliziert gebaute Säuren oder solche, die andere ungesättigte Elemente enthalten, bilden noch verschiedene andere einfacher gebaute, aber mitunter auch ungesättigte Verbindungen. So zersetzt sich z. B. a-Phenylmilchsäure nach folgendem Schema:

$$CH_3 \cdot C(OH)(C_6H_5)COOH \longrightarrow CO_2 + H_2 + CH_3 \cdot CO \cdot C_6H_5.$$

Es bildet sich somit ein Keton, das nach unseren vorherigen Angaben noch weiter zersetzt werden kann. Das Versuchsmaterial über die Photolyse verdanken wir in erster Linie den französischen Forschern Berthelot und Gaudechon. Berechnen wir die Verbrennungswärmen der Ausgangsstoffe und der sich nach der Photolyse bildenden Produkte, so erhalten wir das Resultat, daß das neue System einen größeren Energievorrat besitze, d. h. daß die „irreversible“ Photolyse ein „arbeitsspeichernder“ Vorgang ist. Diese Verhältnisse sind in nachstehender Tabelle I wiedergegeben. Die thermochemischen Angaben sind aus der letzten Auflage von Landolt-Börnstein entnommen.

Tabelle 1.

Körper und Reaktionsprodukte	Verbrennungswärme in kg/g Kal. pro Mol. bei konst. Druck	Differenz in Kal.
Methylalkohol		
CH_3OH (flüssig)	170	
$CO + 2H_2$	207	– 57
Alkohol (fl.)		
CH_3CH_2OH	327	
$CO + CH_4 + H_2$	351	– 24
Propylalkohol (n) (fl.)		
$CH_3CH_2CH_2OH$	485	
$CO + H_2 + C_2H_6$	510	– 25
oder		
$CO + 2CH_4$	495	– 10
Butylalkohol (fl.)		
$CH_3CH_2CH_2CH_2OH$	644	
$CO + H_2 + O_3H_6$	667	– 23
oder		
$CO + CH_4 + C_2H_6$	654	– 10
Amylalkohol (fl.)		
$C_5H_{11}OH$	788	
$CO + H_2 + C_4H_{10}$	825	– 37
Benzylalkohol (fl.)		
$C_6H_5CH_2OH$	89	
$CO + H_2 + C_6H_6$	928	– 33

Tabelle 2.

Körper und Reaktionsprodukte	Verbrennungswärme in kg/Kal. pro Mol bei konst. Druck	Differenz in Kal.
	Ketone.	
Aceton (flüssig)		
CH_3COCH_3	427	
$CO + C_2H_1$	440	– 13

Körper und Reaktionsprodukte	Verbrennungswärme in kg/Kal. pro Mol bei konst. Druck	Differenz in Kal.
	Ketone.	
Methyläthylketon (fl.)		
$CH_3COC_2H_5$ (fl.)	588	
$CO + C_3H_8$	598	− 10
Methylpropylketon (fl.)		
$CH_3COC_3H_7$	741	
$CO + C_4H_{10}$	756	− 15
Diäthylketon (fl.)		
$C_2H_5COC_2H_5$	742	
$CO + C_4H_{10}$	756	− 14
	Aldehyde.	
Acetaldehyd (fl.)		
CH_3C^{20}—H	279	
$CO + CH_4$	282	− 3
Propionaldehyd (fl.)		
CH_3CH_2CHO	435	
$CO + C_2H_6$	441	− 6
Valeraldehyd (fl.)		
$CH_3(CH_2)_3CHO$	743	
$CO + C_4H_{10}$	786	− 43
Önantol (fl.)		
$C_6H_{13}CHO$	1064	
$CO + C_6H_{14}$ (Hexan)	1069	− 5
Benzaldehyd (fl.)		
C_6H_5CHO	842	
$CO + C_6H_6$ (Dampf)	855	− 13
$CO + C_6H_6$ (fl.)	850	− 8

Tabelle 3.

Körper und Reaktionsprodukte	Verbrennungswärme in kg/Kal. pro Mol. bei konst. Druck	Differenz in Kal.
	Säuren.	
Ameisensäure (fl.)		
CHOOH	63	
$CO_2 + H_2$	69	− 6
Essigsäure (fl.)		
CH_3COOH	210	
$CO_2 + CH_4$	213	− 3

Körper und Reaktionsprodukte	Verbrennungswärme in kg/Kal. pro Mol bei konst. Druck	Differenz in Kal.
	Säuren.	
Propionsäure (fl.)		
CH_3CH_2COOH	368	
$CO_2 + C_2H_6$	372	– 4
Buttersäure (fl.)		
$CH_3CH_2CH_2COOH$	525	
$CO_2 + C_3H_8$	529	– 4
Valeriansäure		
$CH_3(CH_2)_3COOH$ (fl)	682	
$CO_2 + C_4H_{10}$	687	– 5
Oxalsäure (fl.)		
COOH – COOH	60	
$2CO_2 + H_2$	69	– 9
Bernsteinsäure (fl.)		
$COOHCH_2CH_2COOH$	356	
$2CO_2 + C_2H_6$	372	– 16
Zitronensäure (fl.)		
CH_2COOH | $C<^{OH}_{COOH}$ . . . . | CH_2COOH	475	
$3CO_2 + CO + 2CH_4$	494	– 19
oder		
$3CO_2 + CO + H_2 + C_2H_6$ . .	509	– 34

Zusammenfassend können wir die Resultate in der Tabelle 4 wiedergeben:

Tabelle 4.

Reaktionsverlauf			
Aldehyde		Alkohole	
$RCOH \rightarrow RH + CO$	Differenz kg-Kal. pro Mol	$RCH_2OH \rightarrow RH + CO + H_2$	Differenz kg-Kal. pro Mol.
Acetaldehyd	– 2	Methylalkohol	– 36
Propionaldehyd	– 5	Äthylalkohol	– 28
Valeraldehyd	– 12	Propylalkohol	– 24
Önanthol	– 5	Butylalkohol.	– 22
Benzaldehyd	– 16	Amylalkohol	– 36
		Benzylalkohol	– 32

Reaktionsverlauf			
Ketone		Säuren	
$R_1COR_2 \rightarrow R_1R_2 + CO$	Differenz kg-Kal. pro Mol.	$RCOOH \rightarrow RH + CO_2$	Differenz kg-Kal. pro Mol.
Aceton	− 13	Ameisensäure	− 6
Methyläthylketon	− 10	Essigsäure	− 8
Methylpropylketon	− 14	Propionsäure	− 4
Diäthylketon	− 13	Buttersäure	− 4
		Valeriansäure	− 5
		Oxalsäure	− 9
		Bernsteinsäure	− 16
		Zitronensäure	− 19

Weiter folgen noch manche andere Beispiele:

Tabelle 5.

	Verbrennungswärme in kg-Kal. pro Mol. konst. Druck.	Differenz Kal.
3 Acetylen 3 C_2H_2 in	939	
Benzol C_6H_6	786	+ 153
2 Zimtsäure (Allo-) in	2096	
α-Truxillsäure	2085	+ 12
2 Anthrazen in	3396	
Dianthrazen	3382	+ 14
	Umwandlungswärme in kg-Kal. pro Mol.	
1. Maleinsäure in Fumarsäure	+ 6,2	—
2. Eugenol in Isoeugenol	+ 9	—
3. Salicylsäure in p-Orthobenzoesäure	+ 3,6	—
4. Angelikasäure in Tiglinsäure	+ 8,5	—
5. Allozimtsäure (cis) in Zimtsäure	+ 4,2	—
Zimtsäure (trans-)	+ 6,6	—

Tabelle 6.

	Verbrennungswärme des Systems in kg-Kal. pro Mol. konst. Druck	Differenz Kal.
1. Chinon + Alkohol (flüss.)	998	
Hydrochinon + Aldehyd	965	+ 33
2. Thymochinon + Alkohol (flüss.)	1615	
Hydrothymochinon + Aldehyd (flüss.)	1589	+ 24
3. Phenyathrenchinon + Alkohol (flüss.)	1918	
Hydrophenanthrenchinon + Aldehyd	1884	+ 34

Diazoverbindungen R.N:NX. An den Stickstoffatomen der Diazoverbindungen sind je 3 Valenzen abgesättigt, also noch zwei Valenzen frei. Demzufolge müssen diese Verbindungen lichtempfindlich sein und ihre Angriffsstelle bei der Doppelbindung haben. Die Reaktion muß nach folgender Gleichung verlaufen:

$$R{\cdot}N{:}N{\cdot}X \longrightarrow R{\cdot}X + N_2\,.$$

Auch diese Reaktionen führen zu gesättigten Verbindungen und sind deshalb irreversibel.

Ungesättigte Kohlenwasserstoffe $(R_1)(R_2)C{:}C(R_3)(R_4)$. Hier ist nur der doppelt gebundene Kohlenstoff als ungesättigt anzusehen. Es ist anzunehmen, daß eine vollständige Absättigung zweier Kohlenstoffatome miteinander durch je ein Valenzelektron erfolgt, während die anderen entweder frei oder sehr locker miteinander verbunden sind. Demzufolge wird an dieser Stelle das Molekül angegriffen. Ein Zerfall in zwei Teile ist hier unmöglich, weil dadurch noch ungesättigtere Gebilde entstehen würden, daher bleibt nur der Weg der gegenseitigen Absättigung der Moleküle untereinander unter Bildung geschlossener Ringsysteme:

$$\begin{array}{l} R_2R_1C{:}CR_3R_4 \\ \\ R_2R_1C{:}CR_3R_4 \end{array} \dashrightarrow \begin{array}{l} R_2R_1C-CR_3R_4 \\ \quad\;\;\, | \qquad | \\ R_2R_1C-CR_3R_4 \end{array} \quad \text{oder}$$

$$\begin{array}{l} R_2R_1C-C(R_3R_4)-CR_1R_2 \\ \quad\;\;\, | \qquad\qquad\qquad\quad | \\ R_3R_4C-C(R_1R_2)-CR_3R_4 \end{array} \quad \text{usw.}$$

Die Ringe können aus 4, 6, 8 usw. Kohlenstoffatomen bestehen. Über die Bedingungen, unter denen die eine oder andere Ringform entsteht, läßt sich gegenwärtig noch nichts sagen. Wie ersichtlich, handelt es sich hier um eine große Gruppe Photopolymerisationserscheinungen, die mitunter sehr interessante und technisch sehr wichtige hochmolekulare Produkte wie Öle, Harze, Kautschucke liefern können. Es ist anzunehmen, daß die Photopolymerisationen arbeitsleistende Vorgänge sind.

Ist Sauerstoff zugegen, so wird das Molekül an der Stelle der Doppelbindung zerrissen, und es erfolgt eine Oxydation der beiden oder des einen Teiles des Moleküls. Ähnlich verhalten sich die Verbindungen der Acetylenreihe. Reines Acetylen liefert mitunter Benzol. Ist die Erschütterung der freien oder locker gebundenen Valenzelektronen nicht stark genug, um eine gesättigte Ringbindung herbeizuführen, so erfolgt eine stereochemische Umlagerung nach der Formel

$$\begin{array}{c} R_1\cdot C\cdot R_2 \\ \| \\ R_3\cdot C\cdot R_4 \end{array} \longrightarrow \begin{array}{c} R_2\cdot C\cdot R_1 \\ \| \\ R_3\cdot C\cdot R_4 \end{array}.$$

Maleinsäure z. B. erleidet keine Polymerisation, sondern verwandelt sich in Fumarsäure

$$\begin{array}{c} H\cdot C\cdot COOH \\ \| \\ H—C\cdot COOH \end{array} \longrightarrow \begin{array}{c} HCCOOH \\ \| \\ HOOCCH \end{array}$$

Für derartige photochemische Umsetzungen sind viele Beispiele bekannt. Die Erscheinung der Phototropie scheint zu dieser Klasse zu gehören. Befinden sich die ungesättigten Valenzelektronen der Doppelbindung an anderen Atomen, so kann auch eine intramolekulare Umlagerung stattfinden. So verwandeln sich meistens die Nitroverbindungen in Nitrosoverbindungen, z. B. Nitrobenzaldehyd in Nitrosobenzoesäure, d. h. allgemein $RNO_2C(:O)H \longrightarrow RNOC(:O)(OH)$.

Zusammenfassung: Wir können für den Verlauf der Lichtreaktionen folgendes Schema aufstellen:

Tabelle 7.

Säuren	R_1COOH	$\longrightarrow$	$RH + CO_2$
Aldehyde	R_2COH	$\longrightarrow$	$RH + CO$
Alkohole	R_1CH_2CH	$\longrightarrow$	$RH + CO + H_2$
Ketone	R_1COR_2	$\longrightarrow$	$R_1R_2 + CO$
Diazoverbindungen . .	$R_1N_2R_2$	$\longrightarrow$	$R_1R_2 + N_2$

Die Belichtung der Doppelbindungen (oder dreifachen Bindungen) führt entweder zu stereoisomeren oder intramolekularen Umlagerungen oder zur Bildung geschlossener Ringsysteme von gesättigtem Charakter.

II. Photochemische Umsetzungen und Synthesen. Hier ist der Stoff und der Reaktionsverlauf viel mannigfaltiger und verwickelter als bei der Photolyse, indem jede Reaktionskomponente ihren Einfluß ausübt. Der Reaktionsverlauf kann mitunter durch verschiedene Zwischenreaktionen, Nebenreaktionen, Kondensationen der Zerfallprodukte usw. stark verdeckt und auch beeinflußt werden. Es war demnach kein Leichtes, aus dem vorhandenen Versuchsmaterial die gleichen Reaktionstypen abzusondern und ihre Primärstadien festzustellen. Denn das Primärstadium ist der eigentliche photochemische Vorgang, der den einfachen Regeln gehorcht. Trotzdem ist es gelungen, den größten Teil in Reaktionsklassen einzuordnen und ihren Mechanismus zu studieren:

Hydrierung und Dehydrierung. Es gibt eine große Anzahl von Verbindungen, hauptsächlich Ketone, die die Eigenschaft besitzen, im Lichte anderen Verbindungen Wasserstoff zu entziehen und an sich chemisch zu binden. Der primäre Vorgang kann schematisch folgenderweise ausgedrückt werden.

$$=C:O + H \longrightarrow \equiv C\cdot OH.$$

Der Wasserstoff verbindet sich also mit dem Sauerstoff, wodurch beim Kohlenstoff eine Valenz frei wird. Demzufolge muß eine Kondensation, Polymerisation oder irgendwelche sonstige Anlagerung stattfinden. Meistens bilden sich dabei die Pinakone. Der Wasserstoff wird beispielsweise einem Alkohol entrissen, der sich in Aldehyd verwandelt. Diesen Prozeß können wir folgendermaßen veranschaulichen:

$$2\,{R_1 \atop R_2}\!>C{=}O + RC(H_2)\cdot OH \longrightarrow HO-{(R_1) \atop (R_2)}C-C{(R_1) \atop (R_2)}-OH + RCHO.$$

Wie zu ersehen ist, hat das System vom photochemischen Standpunkt aus keine Änderung des ungesättigten Charakters erfahren. Die beiden Systeme enthalten je 12 freie Valenzelektronen, die am Sauerstoffe haften. Es ist anzunehmen, daß diese Reaktion nur eine Zwischenstufe zu weiteren Umsetzungen bildet. Daß die Aldehyde sich unter Bildung von CO und RH zersetzen können, ist uns schon bekannt. Wie die Pinakone sich weiter photochemisch zersetzen können, wissen wir noch nicht, aber wir können vermuten, daß sich unter Abspaltung von CO gesättigtere Verbindungen bilden werden. Aus Chinon entsteht z. B. unter diesen Umständen Hydrochinon

$$O:C_6H_4:O + RCH_2OH \longrightarrow HO\cdot C_6H_4\cdot OH + RCHO.$$

Ähnlich verhalten sich auch andere cyclische Ketone und auch Aldehyde, die sich nach folgendem Reaktionsschema umsetzen:

$$2RCHO + 2H \longrightarrow RCH(OH)CH(OH)R.$$

Die Doppelverbindungen können Wasser addieren, indem sie in Alkohole übergehen: $R_1CH{=}CHR_2-R_1CHOH-CH_2R_2$. In diesem Falle bildet sich ein gesättigteres System, da die Doppelverbindung verschwindet.

Oxydationen. Auch bei den zahlreichen Photooxydationen wird das Molekül dort angegriffen, wo sich die ungesättigten Elemente befinden.

So werden z. B. die Aldehyde und die Alkohole zu Säuren oxydiert. Das allgemeine Schema ist

$$RC(H){:}O + O \longrightarrow RCOOH;\ RCH_2OH + 3N \longrightarrow RCOOH + H_2O_2 .$$

Es bildet sich meistens Wasserstoffperoxyd, falls Wasserstoff aus dem Molekül entfernt und oxydiert wird, wie ja bei jeder Oxydation von H_2 zuerst H_2O_2 als Zwischenstufe entsteht. Die Ketone werden an der CO-Stelle gespalten und die Teile zu Aldehyd bzw. weiter zu Säure oxydiert. So oxydiert sich z. B. Cyclohexanon in wäßriger Lösung zu Capron- und Adipinsäure:

$$CH_2\!\left\langle\begin{matrix}CH_2\cdot CH_2\\ CH_2{:}CH_2\end{matrix}\right\rangle\! CO + nO \longrightarrow CH_2\!\left\langle\begin{matrix}CH_2\cdot CH_2\cdot CO\\ CH_2.CH_2\end{matrix}\right.\begin{matrix}\searrow CH_2\!\left\langle\begin{matrix}CH_2\cdot CH_2\cdot COOH\\ CH_2.COOH\end{matrix}\right. .\\ \searrow CH_3(CH_2)_4\cdot COOH\end{matrix}$$

Die Säuren spalten anfangs CO_2 ab, also es erfolgt anfangs eine Photolyse, und in diesem Moment wird das Molekül zu Aldehyd oxydiert. Der Aldehyd kann natürlich weiter zu Säure oxydiert und diese wieder gespalten werden usw. Das allgemeine Schema ist

$$RCOOH \longrightarrow R\cdot H + CO_2;\quad RH + O \longrightarrow RHO .$$

Nehmen wir z. B. Zitronensäure. Sie zersetzt sich folgenderweise

$$COOH\cdot CH_2\cdot C(OH)(COOH).CH_2\cdot COOH + O \rightarrow 3CO_2 + CH_3COCH_3 + H_2O .$$

Das erste Stadium besteht in der Abspaltung von CO_2, der übrig gebliebene sekundäre Alkohol wird zu Keton weiter oxydiert. Das Keton kann unter Freiwerden zu CO zu Äthan zersetzt werden. Die Aminosäuren liefern dabei noch freies NH_3 nach dem Schema

$$NH_2\cdot C(R)(H)\cdot COOH + O \longrightarrow CO_2 + NH_3 + RCHO .$$

So zersetzt sich z. B. Alanin folgenderweise:

$$NH_2\cdot C(H)(CH_3)\cdot COOH + O = CO_2 + NH_3 + CH_3.CHO .$$

Auch in diesen Fällen ist die Zahl der freien Valenzelektronen auf beiden Seiten dieselbe, d. h. wir erhalten noch keine photochemisch gesättigten Systeme.

Der Charakter der Photooxydation kann je nach Versuchsbedingungen ein verschiedener sein. Entweder kann das primäre Stadium in der Photolyse bestehen und die zerfallenen Bestandteile reagieren mit dem Sauerstoff in statu nascendi. Oder es tritt Sauerstoff als photoaktive Komponente auf und greift das Molekül an. Oder es kann beides zugleich geschehen.

Das zahlreiche Versuchsmaterial über Photosynthesen verdanken wir in erster Linie den italienischen Gelehrten Ciamician und Silber.

Photochlorierungen. Die Reaktion besteht darin, daß Wasserstoff durch Chlor ersetzt wird und der freiwerdende Wasserstoff mit dem freien Chlor zu Chlorwasserstoff sich verbindet:

$$\underset{6^0}{R-H} + \underset{6^0}{Cl-Cl} \longrightarrow \underset{6^0}{R-Cl} + \underset{6^0}{H-Cl}.$$

Wie zu ersehen ist, erhält man kein gesättigteres System, sondern die Zahl der freien Valenzelektronen bleibt dieselbe, nämlich 12. Das HCl entweicht und die Reaktion schreitet immer weiter. Wie die Reaktion in geschlossenen Gefäßen und unter Einwirkung der Strahlen von verschiedenen Wellenlängen verlaufen würde, ist unbekannt. Es ist nicht ausgeschlossen, daß in diesem Falle auch eine Zersetzung der Chloride stattfinden würde.

Betrachten wir die Chlorierung von Benzol näher; hier sind zwei Möglichkeiten vorhanden. Entweder wird Chlor addiert und es bildet sich Benzolhexachlorid:

$$\underset{6^0}{C_6H_6} + \underset{36^0}{3\,Cl_2} = \underset{36^0}{C_6H_6Cl_6},$$

wobei die 6 freien Valenzen des Kohlenstoffs abgesättigt werden und ein gesättigteres System entsteht, oder es wird Chlor substituiert:

$$C_6H_6 + Cl_2 \dashrightarrow C_6H_5Cl + HCl.$$

In diesem Falle erfolgt keine Änderung der Zahl der freien Valenzelektronen, aber das HCl entweicht und erleichtert so das Fortschreiten der Reaktion in dieser Richtung. Welche von diesen beiden Reaktionen eintritt, hängt von den Versuchsbedingungen ab. Bei der Chlorierung von reinem Benzol bildet sich vorzugsweise das Hexachlorid. Zu gleicher Zeit entsteht auch in geringen Mengen Benzylchlorid. Ähnlich verhält sich Thiophen und seine Derivate. Dagegen werden Toluol, Xylol, Acetophenon und viele andere Derivate des Benzols vorzugsweise in die Seitenkette substituiert. Die Chlorierung von H_2O verläuft nach dem folgenden Schema:

$$\underset{20^0}{2\,ClOH} + \underset{12^0}{2\,HCl} \longleftarrow \underset{8^0}{2\,H_2O} + \underset{24^0}{2\,Cl_2} \longrightarrow \underset{24^0}{4\,HCl} + \underset{8^0}{O_2}.$$

In beiden Fällen haben wir 32 freie Valenzelektronen. Die Reaktion kann deshalb, je nach Versuchsbedingungen nach beiden Richtungen verlaufen. — Die Bromierung verhält sich ganz ähnlich wie die Chlorierung.

Gasgleichgewichte. Es wurde eine Reihe von Gasgleichgewichten hauptsächlich von A. Coehn und seinen Mitarbeitern untersucht, wobei sich ergab, daß diese Gleichgewichte durch

Strahlen verschiedener Wellenlängen nach der einen oder anderen Richtung verschoben werden können.

Tabelle 8.

$H{-}H + Cl{-}Cl$ (12 fr. Val.) $\rightleftharpoons 2H{-}Cl$ (12 fr. Val.)
$H_2 + Br_2$ (12 fr. Val.) $\rightleftharpoons 2HBr$ (12 fr. Val.)
$2HJ$ (12 fr. Val.) $\rightleftharpoons H_2 + J_2$ (12 fr. Val.)
$2H_2O + 2Cl_2$ (8 + 24 fr. Val.) $\rightleftharpoons 4HCl + O_2$ (24 + 8 fr. Val.)
(nicht untersucht)
$SO_2 + Cl_2$ (10 + 12 fr. Val.) $\rightleftharpoons SO_2Cl_2$ (22 fr. Val.)[1])
$2SO_2 + O_2$ (20 + 8 fr. Val.) $\rightleftharpoons 2SO_3$ (28 fr. Val.)[1])
$CO + Cl_2$ (4 + 12 fr. Val.) $\rightleftharpoons COCl_2$ (16 fr. Val.)
$2O_3$ (24 fr. Val.) $\rightleftharpoons 3O_2$ (24 fr. Val.)[2])
$2NH_3$ (4 fr. Val.) $\rightleftharpoons N_2 + 3H_2$ (4 fr. Val.)[3])
(nicht untersucht)
$2CO_2$ (16 fr. Val.) $\rightleftharpoons 2CO + O_2$ (8 + 8 fr. Val.)
$2H_2O$ (8 fr. Val.) $\rightleftharpoons 2H_2 + O_2$ (8 fr. Val.)

Bei allen diesen Reaktionen erhalten wir auf beiden Seiten des Gleichgewichtes die gleiche Zahl der freien Valenzelektronen. Wir können auf keine Weise ein vollständig gesättigtes System erhalten. Aus diesem Grunde ist es photochemisch ganz gleich, und nur von Energieverhältnissen abhängig, nach welcher Richtung der Prozeß verläuft. Die längeren, energetisch schwächeren Wellen werden die exothermen Prozesse beschleunigen, die kürzeren, energiekräftigeren Wellen werden die Prozesse im umgekehrten Sinne, also arbeitsaufspeichernd, verlaufen lassen. Diese Gleichgewichte können wir als reine Lichtgleichgewichte bezeichnen. Manche von diesen Gleichgewichten, wie z. B. HCl, HBr, HJ, H_2O enthalten auf beiden Seiten der Gleichgewichtsgleichung dieselbe photoaktive Komponente, die das Gleichgewicht reguliert, weil der Wasserstoff abgesättigt ist und außerdem absorbiert er Strahlen von äußerstem Ultraviolett, etwa

[1, 2, 3]) Bei der Berechnung der freien Valenzelektronen wurden folgende Strukturen angenommen:

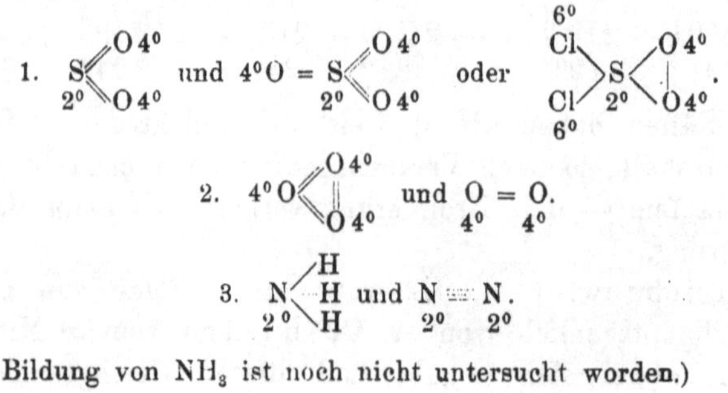

(Die Bildung von NH_3 ist noch nicht untersucht worden.)

bei 130 $\mu\mu$, die hier nicht in Betracht kommen. Wie soll man sich nun diese merkwürdige Tatsache erklären, daß ein und dasselbe Element, z. B. Cl bei HCl-Gleichgewicht, einmal im Lichte die Bildung von HCl und andersmal wieder im Lichte die Zersetzung von HCl bewirkt. Wie es eben betont wurde, sind beide Teile des Gleichgewichts photochemisch gleich ungesättigt, und es kann weder die eine, noch die andere Richtung vorgezogen werden. In diesem Falle treten anderen, nämlich die energetischen Faktoren in den Vordergrund. Das Chlor besitzt zwei Streifen der photochemischen Absorption: der eine liegt im blauvioletten Teile und der andere im äußersten Ultraviolett, etwa bei 220 $\mu\mu$. Da die Energiespannung bei den ultravioletten Strahlen eine große ist, so sind sie imstande, die Valenzelektronenkonfiguration derart stark zu erschüttern, daß eine Sprengung des Moleküls stattfindet, die mit einer Energieaufspeicherung begleitet ist. Die längeren Wellen besitzen nur so viel Kraft, um den arbeitsleistenden Vorgang der Bildung von HCl, der auch freiwillig stattfindet, zu beschleunigen. Beide Vorgänge sind irreversibel, solange monochromatisches Licht einwirkt. Wirken beide Strahlenarten zugleich, so stellt sich ein Gleichgewichtszustand ein. Die Existenz der beiden Streifen der photochemischen Absorption ist auf die Kompliziertheit der räumlichen Koordinaten der 7 Valenzelektronen von Chlor zurückzuführen. Ein Teil von diesen muß leichter angreifbar sein und absorbiert die längeren Wellen, und der andere Teil ist fester gebunden und absorbiert die ultravioletten Strahlen. Es ist nicht ausgeschlossen, daß der zweite Streifen auch einen kleineren Temperaturkoeffizienten besitzen wird.

Ähnlich müssen auch die anderen oben angegebenen Gleichgewichte sich verhalten. An diesen Beispielen tritt deutlich der Unterschied zwischen den Eigenschaften der photochemischen Valenz und der einfachen Wertigkeit zutage.

Additionsreaktionen. Die Verbindungen mit Doppelbindung oder dreifacher Bindung addieren bekanntlich die Halogene, besonders Brom. Das allgemeine Schema dieser Reaktionsklasse ist das folgende:

$$\underset{2^0}{(R_1)(R_2)C{-}C(R_3)(R_4)} + \underset{12^0}{Br - Br} \longrightarrow \underset{12^0}{(R_1)(R_2)CBr - CBr(R_3)(R_4)}.$$

Wir erhalten ein Dibromid. Die freien Elektronen der Kohlenstoffatome werden abgesättigt. Demzufolge muß die Reaktion im Lichte zugunsten der Dibromidbildung verlaufen. Da diese Reaktionsklasse Dunkelgleichgewichte darstellt, so wird im Lichte das Gleichgewicht zugunsten der Dibromidbildung verschoben und wir erhalten die sogenannten Dunkellichtgleichgewichte. Erfolgt auch im Dunkeln eine praktisch vollständige Umwandlung in Dibromid, so wird im Lichte diese Reaktion beschleunigt. Es entsteht nun die Frage, ob ein Licht imstande ist in anderer Wellenlänge, wie z. B. derjenigen des zweiten Streifen der photochemischen Absorption beim Brom, das etwa bei 220 $\mu\mu$ liegt, eine Zersetzung des Dibromids zu bewirken. Eigentlich müßte dann ein ungesättigteres System sich bilden; da aber das Gleichgewicht sehr labil ist, das Brom sich leicht abspalten läßt und die Möglichkeit vorhanden ist, gesättigtere Polymerisationsprodukte zu bilden, so ist es wahrscheinlich, daß eine derartige Bromabspaltung durch das Licht bewirkt werden kann. Die Versuche bestätigen es auch. So zersetzt sich z. B. Äthylenchlorid und -bromid im Lichte der Quarzlampe und bildet Kondensationsprodukte.

Versuchen wir auf Grund dieser Theorie uns eine Vorstellung über die möglichen Umsetzungen des O-nitrobenzylidenazetophenons zu verschaffen.

Seine Formel ist die folgende:

$$C_6H_4NO_2CH : CHCOC_6H_5.$$

Wie wir wissen, neigt die NO_2-Gruppe zu Umlagerungen, die unter Umständen bis NH gehen kann, die CO-Gruppe neigt zum Austritt oder zur Spaltung des Moleküls, die Doppelbindung hat die Tendenz, Kondensationen herbeizuführen. Bei Einwirkung aller Strahlenarten können alle diese Reaktionen gleichzeitig auftreten. Und das trifft auch in der Tat zu. Nach E n g l e r und D o r a n bilden sich im Lichte: B e n z o e s ä u r e und I n d i g o b l a u:

$$2\,C_6H_4NO_2CH : CHCOC_6H_5 = C_6H_4\left\langle\begin{matrix} CO \\ NH \end{matrix}\right\rangle C : C\left\langle\begin{matrix} CO \\ NH \end{matrix}\right\rangle C_6H_4 + 2\,C_6H_5COOH.$$

Wir haben hier tatsächlich Abspaltung der Benzoesäure, der eine Umlagerung vorangehen mußte und eine Kondensation.

Der ganze Vorgang stellt uns eine Photosynthese des Indigos dar.

3. Die Lichtkatalyse.

Fügen wir in ein photochemisch indifferentes System valenzelektronenreiche und photochemisch ungesättigte Elemente oder Verbindungen ein, so wird dadurch das System photochemisch ungesättigt gemacht und demzufolge wird es lichtempfindlich werden. Es ist klar, daß die photoaktivsten Elemente, nämlich Ur, Fe, Cl, Br, J usw., auch die stärksten katalytischen Wirkungen ausüben müssen. Ebenso stark wirksam müssen auch die Verbindungen sein, die diese Elemente schwach abgesättigt und stark angehäuft enthalten. Die Versuchsergebnisse stimmen damit überein. Das System braucht aber nicht unbedingt indifferent zu sein, sondern es kann auch lichtempfindlich sein, dann wird es durch das Hinzufügen der Katalysatoren nur gegen Strahlen anderer Wellenlängen empfindlich gemacht. Mit anderen Worten besteht das innere Wesen der photochemischen Katalyse darin, daß in ein System neue Streifen der photochemischen Absorption eingeführt werden. Selbstverständlich muß die Photokatalyse allen photochemischen Grundgesetzen unterworfen sein. Der Katalysator wird seinen eigenen Temperaturkoeffizienten und seinen Nutzeffekt besitzen.

Ist der Vorgang arbeitspeichernd, so kann der Katalysator entweder den Nutzeffekt des ganzen Systems vergrößern oder er gibt die Möglichkeit, andere Strahlen auszunutzen. Beides ist von grundlegender Bedeutung für die photochemische Technik und Industrie.

Denn mit Hilfe der Katalysatoren können wir einerseits den Spektralbereich der chemisch wirksamen Strahlen stark erweitern und andererseits die Reaktionen, die im reinen Zustande nur in äußersten ultravioletten Strahlen stattfinden, im sichtbaren Teile des Spektrums vor sich gehen lassen. Auf diese Weise könnte unter Umständen die Benutzung der Lichtquellen für Ultraviolett vermieden und dieselben durch das Kohlenbogenlicht oder das kostenlose Sonnenlicht ersetzt werden. Bei den organischen Photosynthesen und Photolysen wird man voraussichtlich von diesen wertvollen Eigenschaften der Lichtkatalysatoren ebenfalls viel Gebrauch machen.

Wir können die photochemische Katalyse in folgende Klassen einteilen:

1. Kontaktkatalyse, wo der Katalysator an der indifferenten Verbindung lose anhaftet, dieselbe photoaktiv macht und nach vollzogener Umsetzung wieder ausscheidet, um an anderes Molekül sich anzuklammern. Als Beispiele können die Sensibilisierung von Ozon durch Chlor, der Ederschen Lösung durch Eisensalze, photographische Platten durch Farbstoffe, der organischen Säuren und anderer Verbindung durch Uranylsalze, Eisensalze usw. dienen.

2. Übertragungskatalyse, wo durch Zusatz eines fremden Körpers die Reaktion in eine Reihe von Teilreaktionen zerlegt wird, deren Geschwindigkeit größer als die der Grundreaktion sind. Als Beispiel kann hier die Oxydation der phosphorigen Säure dienen, bei

der der Jodwasserstoff als photochemischer Übertragungskatalysator dient, indem er dieselben in zwei Teilreaktionen

1) $2HJ + O = H_2O + J_2$ (lichtempfindlich),

2) $H_2O + J_2 + H_3PO_3 = H_3PO_4 + 2HJ$

zerlegt, deren Geschwindigkeiten viel größer, als die der Grundreaktion $H_3PO_3 + O = H_3PO_4$ ist.

3. Chemische Katalyse, wo der zu dem Reaktionsystem zugeführte fremde Körper für die angewandten Strahlen als nicht lichtempfindlicher Körper auftritt und keine neuen Streifen der photochemischen Absorption einführt. Er beeinflußt nur die Geschwindigkeit der Lichtreaktion, indem er den chemischen Widerstand verändert. Als Beispiel kann z. B. der beschleunigende Einfluß der Feuchtigkeit auf die meisten der Lichtreaktionen, Einfluß des Mediums, negative Wirkung des Sauerstoffs auf die meisten Photochlorierungen positive Wirkung von Anethol auf das Ausbleichen der Farbstoffe bei der Farbenphotographie usw. dienen.

4. Optische oder Lichtfilterkatalyse, wobei manche Körper — sei es auch Lösungsmittel, oder aus einer Reaktion sich bildende Produkte, oder auch photochemisch inaktive Komponenten, die photochemisch aktive Strahlen thermisch absorbieren und auf diese Weise die Absorptionsverhältnisse bei der Reaktion ändern. Als Folge kann eine Verzögerung oder Beschleunigung der Reaktion eintreten.

Die näheren Betrachtungen über diese Frage findet der Leser in meinem Lehrbuche.

Als ein Beispiel der Kontaktkatalyse kann auch die Assimilisation der Kohlensäure in den grünen Pflanzenblättern durch Chlorophyll angeführt werden.

Die Kohlensäure zersetzt sich unter dem Einflusse der äußersten ultravioletten Strahlen in $2CO$ und O_2. Ist Wasserstoff zugegen, so erfolgen verschiedenartigste Synthesen. Diese Synthesen haben aber mit den in der Natur und in den grünen Blättern sich vollziehenden nichts Gemeinsames.

Denn in der Natur erfolgt die Spaltung der CO_2 unter dem Einflusse der von Chlorophyll absorbierten sichtbaren Strahlen, und das Chlorophyll ist hier der photochemische Hauptfaktor, der den Prozeß einleitet und reguliert. Da es selbst unverändert bestehen bleibt, so spielt es eine rein photo-katalytische Rolle, und die Kohlensäure muß sich an Chlorophyll anlagern; die entstandene labile Verbindung muß im Lichte derart zersetzt werden, daß die CO_2

eine chemische Umsetzung erleidet und das Chlorophyll sich regeneriert und an ein neues CO_2-Molekül anlagert.

Jetzt fragt es sich weiter, welcher Art diese labile Verbindung sein muß. Die Antwort darauf gibt uns der Charakter des Zerfalls, nämlich die Bildung des freien Sauerstoffs. Der freie Sauerstoff bildet sich photochemisch nur beim Zerfall der Peroxyde, wie z. B. bei H_2O_2-Zersetzung im Lichte usw.

Demzufolge muß aus der CO_2 und dem Chlorophyll eine peroxydartige Verbindung entstehen, die den Sauerstoff abspaltet. Ob diese Verbindung direkt oder nur unter dem Einflusse des Lichtes entsteht, können wir nicht entscheiden. Diese theoretischen Schlußfolgerungen decken sich wunderbarerweise mit den experimentellen Ergebnissen von Willstätter und Stoll. Diese Forscher konnten direkt nachweisen, daß tatsächlich eine labile Verbindung zwischen CO_2 und Chlorophyll sich bildet und die folgende Struktur hat:

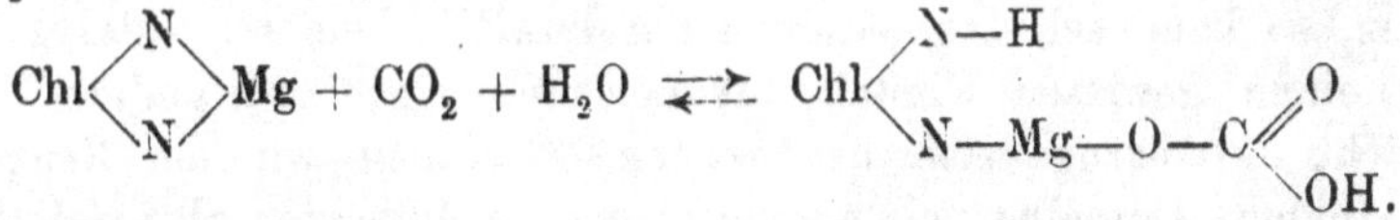

Wie zu ersehen, spielt hier das Magnesium eine vermittelnde Rolle und seine Anwesenheit ist deshalb für Assimilation von grundlegender Bedeutung. Diese Verbindung soll sich im Lichte in eine energiereichere Formaldehydperoxyd-Verbindung von der Form

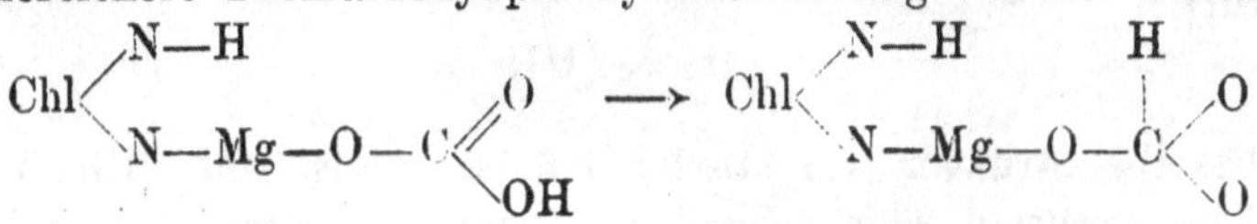

Chlorophyllformaldehydperoxyd

umlagern, die den Sauerstoff infolge der weiteren Lichtwirkung oder dunkelkatalytischen Einflüsse unter Bildung des Formaldehyds und Chlorophylls nach der Gleichung

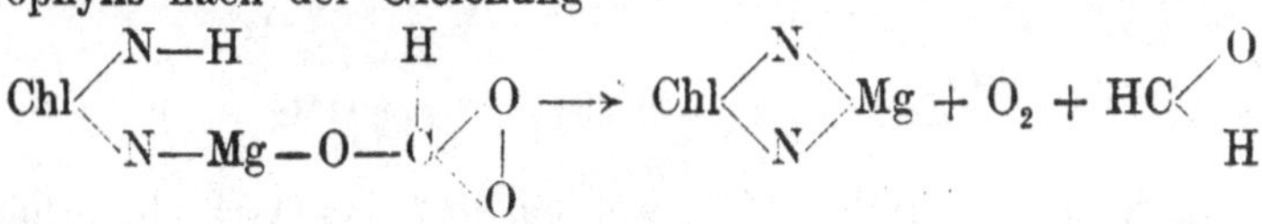

abspaltet.

Die Sauerstoffabspaltung kann auch stufenweise vor sich gehen. Formaldehyd kondensiert sich weiter zu Zuckerarten und Stärke.

Es gibt noch eine Verbindung — Perameisensäure, die aus Ameisensäure und H_2O_2 gewonnen werden kann:

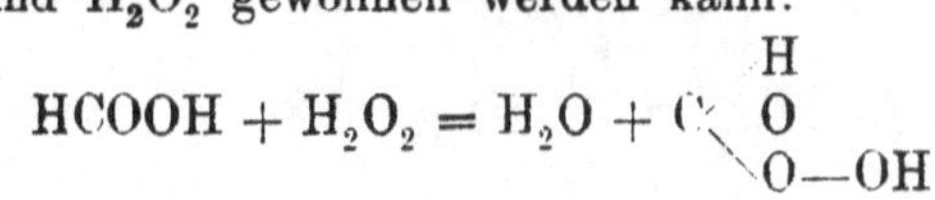

und die sich leicht in Kohlensäure umlagert:

$$\begin{array}{c} O=C-H \\ | \\ O-OH \end{array} \longrightarrow \begin{array}{c} O=C-OH \\ \\ OH \end{array}$$

Und sie könnte als labiles Zwischenprodukt sich bilden, was wenig wahrscheinlich ist, denn die Säure müßte das Mg angreifen.

Die bisher betrachteten Fälle der photochemischen Katalyse bestanden darin, daß ein fremder Körper, in ein System eingeführt, die photokatalytischen Wirkungen ausübt. Wir können uns aber auch solche Fälle vorstellen, wo photoaktive Elemente oder Radikale, in ein lichtempfindliches Molekül eingeführt, die Lichtempfindlichkeit desselben noch erhöhen, ohne direkt an der Reaktion teilzunehmen oder irgendwelche spezielle Veränderungen selbst zu erleiden. Verläuft die Reaktion in verschiedenen Stufen oder Richtungen, so kann selbstverständlich ein derartiger innerer Katalysator auch einen gewissen Einfluß ausüben und eine oder andere Verlaufrichtung vorzugsweise begünstigen. Nehmen wir als Beispiel das Äthylen. Dasselbe polymerisiert sich im äußersten ultravioletten Lichte sehr träge und seine Kondensationsprodukte sind nicht einheitlich zusammengesetzt. Führt man in sein Molekül Chlor oder Brom ein, so erhalten wir die Verbindungen Vinylbromid oder -chlorid

$$CH_2 = CHBr,$$

das dieselbe Struktur wie Äthylen hat, so erfolgt unter Ringbildung die Polymerisation sehr schnell und glatt im ultravioletten Lichte unter Bildung des Kautschuks $(CH_2 = CHBr)_{16}$, einer gesättigten Verbindung mit Ringstruktur:

$$\begin{array}{l} CH_2-CHBr-CH_2-CHBr\cdots CH_2 \\ | \qquad\qquad\qquad\qquad\qquad\qquad\quad | \\ CHBr-CH_2-CHBr\cdots\cdots CHBr. \end{array}$$

Dies kann nur dadurch erklärt werden, daß das stark photochemisch ungesättigte Halogen, das in solcher Nähe von der Doppelbindung sich befindet, ihre Zerreißung und die bestimmte Ringbildung begünstigt. Dementsprechend ist zu erwarten, daß der Einfluß des Lichtes und des Halogens auch bei anderen Verbindungen desselben Typus

$$\begin{array}{l} R_1 \diagdown \\ \quad\;\; C = CHBr \\ R_2 \diagup \end{array}$$

ein ähnlicher sein wird. Dagegen kann die Wirkung des Lichtes auf die Verbindungen vom Typus[1]

$$\begin{matrix} BrR_1 \\ R_2 \end{matrix}\!\!>\!C = CH_2,$$

wo das Halogen von der Doppelbindung weit entfernt ist, eine andere sein. Wirksam muß hier der zweite Streifen bei 220 $\mu\mu$ sein.

Nehmen wir noch als Beispiel das Ferritrichloracetat

$$2(CCl_3COO)_3Fe = 2\,Fe(CCl_3COO)_2 + C_2Cl_6 + 2\,CO_2.$$

Hier haben wir drei photoaktive Gruppen: CO_2, 3 Cl und Fe. Jede hat ihre eigenen Streifen der photochemischen Absorption. Bei Cl im sichtbaren und äußersten Ultraviolett, bei Fe — im sichtbaren, bei CO_2 im Ultraviolett. Demzufolge muß diese Verbindung in sehr großem Spektralbereich lichtempfindlich sein. Das trifft auch in der Tat zu. Es ist anzunehmen, daß die Primärreaktion in der Abspaltung von CO_2 besteht und daß Cl und Fe diesen Prozeß innerkatalytisch begünstigen. Jeder von den wirksamen Streifen wird seinen eigenen Temperaturkoeffizienten ergeben.

Zusammenfassung und Schluß.

Die oben angeführten Betrachtungen über die Photoaktivität der Elemente und Verbindungen können wir kurz in folgenden Sätzen wiedergeben:

1. Jedes Element oder Verbindung, die freie Valenzelektronen besitzt, ist photochemisch als ungesättigt zu betrachten und besitzt eine bestimmte photochemische Valenz.
2. Die Photoaktivität der Elemente ist eine periodische Eigenschaft derselben.
3. Jede photochemisch ungesättigte Verbindung ist photoaktiv (lichtempfindlich).
4. Das Licht hat das Bestreben, ein photochemisch ungesättigtes System in ein gesättigtes überzuführen, wobei die Prozesse, sowohl arbeitspeichernd als auch arbeitsleistend verlaufen können.
5. Bleibt bei photochemischer Umsetzung der Sättigungszustand unverändert, so bedingen die herrschenden Energieverhältnisse den Reaktionsverlauf; die längeren Wellen beeinflussen vorzugsweise die arbeitsleistenden und die kürzeren die arbeitsspeichernden Vorgänge.

6. Die photochemisch ungesättigten Elemente und Verbindungen können auch als Lichtkatalysatoren auftreten. Das innere Wesen der photochemischen Katalyse besteht darin, daß in das System neue Streifen der photochemischen Absorption eingeführt werden, die allen photochemischen Grundgesetzen unterworfen sind.
7. Die eigentliche Sphäre der photochemischen Wirkung befindet sich in dem äußersten Ringe des Atommodells, wo die freien Valenzelektronen in bestimmter Weise zueinander koordiniert sind.

Die eben erwähnten theoretischen Betrachtungen über die Photoaktivitäten und photochemische Valenz ergeben uns die Möglichkeit, das ganze vorliegende Versuchsmaterial auf einfache und übersichtliche Weise einzuordnen und in den inneren Mechanismus der Lichtreaktionen einen tieferen Einblick zu gewinnen. Über die Beziehungen, die zwischen der chemisch absorbierten Lichtenergie und den umgesetzten Stoffmengen herrschen und über den Zeitverlauf der Lichtreaktionen gibt uns unsere Theorie in der vorliegenden Form noch keinen Aufschluß. Um die bei diesen Vorgängen herrschenden quantitativen Gesetze zu ermitteln, müssen wir andere Wege einschlagen, über die in dem Lehrbuche ausführlich berichtet wird.

FSC
www.fsc.org
MIX
Papier | Fördert
gute Waldnutzung
FSC® C083411

Zeitfracht Medien GmbH
Ferdinand-Jühlke-Straße 7
99095 Erfurt, Deutschland
produktsicherheit@kolibri360.de